Ernst Probst

Die Glockenbecher-Kultur

Eine Kultur der Jungsteinzeit
vor etwa 2.500 bis 2.200 v. Chr.

Allen Prähistorikern und Prähistorikerinnen gewidmet,
die mich bei meinen Büchern über die Steinzeit unterstützt haben

Impressum:
Die Glockenbecher-Kultur
1. Auflage als Print-Buch: März 2019
Autor: Ernst Probst
Im See 11, 55246 Mainz-Kostheim
Telefon: 06134/21152
E-Mail: ernst.probst (at) gmx.de
Herstellung: Amazon Distribution GmbH, Leipzig
Alle Rechte vorbehalten
ISBN: 978-1-090-55814-5

Erdal-Bilderreihe Nr. 117 Bild 5

Titelbild und Bild auf Seite 3:
„Glockenbecherleute" von Gerhard Beuthner (1867–nach 1935),
veröffentlicht in dem Erdal-Bilderbuch „Aus Deutschlands Vorzeit"
(1937) von Erich Lissner (1902–1980)

Reproduktion eines Glockenbechers aus Ciempozuelos (Spanien)
im „National Archaeological Museum of Spain", Madrid.
Foto: José-Manuel Benito Álvarez / Locotus Burg /
CC-BY-SA.2.5 (via Wikimedia Commons),
lizensiert unter CreativeCommons-Lizenz by-sa-2.5-en,
https://creativecommons.org/licenses/by-sa/2.5/legalcode

Vorwort

Ein australisch-britischer Experte hielt sie für Missionare und Kupfermetallurgen aus Spanien. Andere Fachleute glaubten, sie seien aus Nordwestafrika, Portugal oder Ungarn gekommen. Ihre schnelle und weite Ausbreitung schrieb man ihren Reitpferden zu. Zwei deutsche Prähistoriker betrachteten sie als „reisige Bogenschützen". Ein weiterer Experte sprach von Nomaden. Gemeint sind die Angehörigen der Glockenbecher-Kultur, die von etwa 2.500 bis 2.200 v. Chr. in vielen Teilen Europas und in England sogar bis 1.800 v. Chr. existierten. Ihre Kultur ist nach einem Becher in Form einer umgestülpten Glocke benannt. Ihr riesiges Verbreitungsgebiet reichte von Portugal im Westen bis nach Ungarn im Osten sowie von Italien im Süden bis nach England im Norden. In ihren Gräbern fand man tönerne Glockenbecher, steinerne Pfeilspitzen und Armschutzplatten für Bogenschützen, kupferne Dolche sowie Schmuckstücke aus Gold, Silber und Elektron. Zu ihren Lebzeiten ging es nicht immer friedlich zu, was Hieb- und Schussverletzungen an Skeletten beweisen. Eine Koryphäe schlug für die rätselhafte Kultur zwischen der jüngeren Steinzeit und der frühen Bronzezeit den Begriff Glockenbecher-Phänomen vor.

Der Prähistoriker Paul Reinecke (1872–1958)
benutzte 1900 den Begriff Glockenbecher.
Foto: Römisch-Germanisches Zentralmuseum Mainz

Die Glockenbecher-Kultur

Zu den rätselhaftesten Erscheinungen der Jungsteinzeit in Europa gehört die von Portugal im Westen bis nach Ungarn im Osten sowie von Italien im Süden bis nach England im Norden reichende Glockenbecher-Kultur, die in vielen dieser Länder von etwa 2.500 bis 2.200 v. Chr. nachweisbar ist. In England behauptete sie sich sogar bis ungefähr 1.800 v. Chr. Sie war außer in den genannten Ländern auch in Spanien, Frankreich, Holland, Deutschland, der Schweiz, Österreich, in Tschechien und Polen vertreten.

Der Begriff Glockenbecher-Kultur (abgekürzt: GBK) bezieht sich auf den weitmundigen Becher in Gestalt einer umgestülpten Glocke, der als typisches Tongefäß dieser Kultur gilt. Dieser Becher wurde 1895 durch den Prähistoriker Albert Voß (1837–1905) in Anlehnung an einen tschechischen Fundort als Brannowitzer Typus bezeichnet. Als erste benutzten italienische und tschechische Prähistoriker den Ausdruck „Glockenbecher". 1900 verwendete der damals in Mainz arbeitende Prähistoriker Paul Reinecke (1872–1958) diesen Begriff. Auch die Glockenbecher-Kultur wird zu den Becher-Kulturen gerechnet.

Als Leitformen der Glockenbecher-Kultur gelten tönerner Glockenbecher, steinerne Armschutzplatte für Bogenschützen, kupferner Griffzungendolch, V-förmig durchbohrter Knochenknopf, verzierter Eberhauer und bestimmte Begleitkeramik.

Teilweise zur gleichen Zeit wie die Glockenbecher-Kultur existierten in Deutschland die „Schnurkeramischen Kulturen" (etwa 2.800 bis 2.400 v. Chr.), die Einzelgrab-Kultur (etwa 2.800

bis 2.300 v. Chr.), die Schönfelder Kultur (etwa 2.500 bis 2.100 v. Chr.) und die Dolchzeit (etwa 2.300 bis 1.600 v. Chr.). In Österreich war die Glockenbecher-Kultur von etwa 2.500 bis 2.200 v. Chr. die letzte Kultur der Jungsteinzeit. Sie wurde in den Bundesländern Salzburg, Oberösterreich und Burgenland heimisch. Wie in den meisten europäischen Ländern wird auch in Österreich die Glockenbecher-Kultur in zwei Phasen gegliedert: in eine ältere Phase mit klassischen, roten Glockenbechern und in eine jüngere Phase, die hier Ragelsdorf-Oggau-Gruppe heißt. Letzterer Begriff geht auf den Wiener Prähistoriker Richard Pittioni (1906–1983) zurück, der 1954 den Ausdruck Typus Ragelsdorf-Loretto prägte. Die für die Glockenbecher-Kultur typischen weitmundigen Becher in Form einer umgestülpten Glocke sind in beiden Phasen vertreten.

Ein bevorzugtes Siedlungsgebiet der Glockenbecher-Kultur in Niederösterreich war offenbar der Raum von Laa an der Thaya. Dort sind mindestens fünf Siedlungsstellen durch Keramik belegt.

In der Schweiz erschien die Glockenbecher-Kultur in den Kantonen Genf, Neuenburg (Neuchatel), Waadt, Bern, Basel, Luzern, Zürich und Thurgau. Vielleicht war sie daneben in anderen Teilen der Schweiz vertreten, aus denen bisher keine Funde vorliegen. Wie in Österreich war die Glockenbecher-Kultur auch in der Schweiz die letzte Kultur der Jungsteinzeit. Ihr Ende wird durch den Beginn der Frühbronzezeit markiert.

„Manche Menschen, vor allem Männer, der Glockenbecher-Kultur, besaßen einen auffällig steilen Hinterkopf, den sogenannten planoccipitalen Steilkopf. Ein Merkmal, für das es bis dahin in Mitteleuropa keine Vorläufer gab. Dies und einige andere Besonderheiten – beispielsweise spärliche Siedlungsspuren und zahlreiche Hinweise auf Pfeil und Bogen – hat dazu geführt, dass die Glockenbecher-Leute früher für einwandernde Bogenschützen und Kupfersucher gehalten wurden, die sich im Laufe der Zeit mit der einheimischen Bevölkerung vermischten." So heißt es in dem Buch „Deutschland in der Steinzeit" (1991) von Ernst Probst. Darin wird mit einer Zeichnung des Malers Fritz Wendler (1941–1995) ein Krieger der Glockenbecher-Kultur zu Pferd mit Pfeil und Bogen sowie Armschutzplatte am linken Unterarm, die vor der zurückschnellenden Bogensehne schützte, dargestellt. Der australisch-britische Archäologe Vere Gordon Childe (1892–1957) betrachtete die Glockenbecher-Leute als Missionare, die sich von Spanien kommend, über den atlantischen Rand Europas ausbreiteten und die Kenntnis der Kupfermetallurgie mit sich brachten. Andere Prähistoriker glauben, der Ursprung der Glockenbecher-Leute liege in Nordwestafrika, Portugal oder Ungarn. Teilweise heißt es, die Glockenbecher-Leute hätten sich dank ihrer Reitpferde schnell und weit in Europa ausbreiten können.

Der Heilbronner Arzt und Prähistoriker Alfred Schliz (1849–1915) und der Mainzer Prähistoriker Kurt Schumacher (1860–1934) bezeichneten die Glockenbecher-Leute 1912 und 1921 als „ein Volk reisiger Bogenschützen". Der Stuttgarter Prähistoriker Oscar Paret (1889–1972) sprach von „Nomaden". Der Freiburger Prähistoriker Edward Sangmeister (1916–2016) verglich die Glockenbecher-Leute mit „Zigeunern". Der ebenfalls in Freiburg i. Br. wirkende Prähistoriker Christian Strahm verwendete den Ausdruck „Glockenbecher-Phänomen", um den Begriff Glockenbecher-Kultur zu vermeiden. Sangmeister sah 1972 in den Angehörigen der Glockenbecher-Kultur eine sehr bewegliche, in Kleingruppen, vielleicht in Clans aufgespaltene Gesellschaft, die keinen Ackerbau, vielleicht aber Kleintierzucht und Jagd betrieb. Die Glockenbecher-Leute besaßen nach seiner Ansicht spezielle

Australisch-britischer Archäologe Vere Gordon Childe (1892–1957).
Foto: Porträt aus den 1930er Jahren / Fotograf: Andrew Swan Watson
/ The National Library of Australia (via Wikimedia Commons),
Lizenz: gemeinfrei (Publik domain)

Heilbronner Arzt und Prähistoriker Alfred Schliz (1849–1915).
Foto: Porträt von 1877 / Städtische Museen Heilbronn
(via Wikimedia Commons), Lizenz: gemeinfrei (Public domain)

Tübinger Anthropologe Alfred Czarnetzki (1937–2012).
Foto: Privatarchiv Czarnetzki

Kenntnisse im Suchen, Verarbeiten und im Austausch vor allem von Kupfer. Sie brauchten den Kontakt mit den Sesshaften, um aus dem Tausch Gewinn zu ziehen. Woher die Glockenbecher-Leute kamen, darüber streiten sich die Gelehrten noch heute.

2015 wies ein Team von Wissenschaftlern nach, dass vor etwa 4.500 Jahren mindestens 70 Prozent der Bevölkerung in Deutschland durch massive Ausbreitung von Gruppen aus den osteuropäischen Steppengebieten ersetzt wurden. Eine 2018 veröffentlichte Studie, die von 144 Wissenschaftlern und Wissenschaftlerinnen aus den Bereichen Archäologie, Genetik und Anthropologie durchgeführt wurde, zeigte, wie diese Welle weiter nach Westen rollte. Hierfür hatte man rund 400 vorgeschichtliche Skelette, darunter 226 Glockenbecher-Leute, aus ganz Europa untersucht. Das Ergebnis. Die großräumige Verbreitung von Glockenbechern am Übergang zwischen Jungsteinzeit und Frühbronzezeit erfolgte zuerst nur durch die Weitergabe von Ideen, später aber durch Einwanderung. Nach Großbritannien gelangten die Glockenbecher aus Holland, kurz nachdem die letzten großen Steine von Stonehenge aufgestellt worden sind. Von da ab kam es zu einem fast vollständigen Austausch der Bevölkerung, welche die riesigen steinernen Monumente errichtet hatte. Mit der Ankunft und Verbreitung der Glockenbecher gab es in Großbritannien zum ersten Mal eine Bevölkerung, die den heutigen Briten ähnlich in genetischer Zusammensetzung, Haut- und Augenfarbe ist.

Da die Frauen in Böhmen – im Gegensatz zu den Männern – in der Zeitspanne von der zu Ende gehenden Jungsteinzeit bis zur frühen Bronzezeit kaum ihr Aussehen veränderten, schloss der Tübinger Anthropologe Alfred Czarnetzki (1937–2012) im Jahre 1984 zumindest für Böhmen, dass dort offensichtlich nur

Männer der Glockenbecher-Kultur eingewandert sind. Am Anfang der darauffolgenden Bronzezeit sind sie dort nicht mehr anzutreffen. An Dr. Alfred Czarnetzki erinnert sich der Verfasser dieses Artikels über die Glockenbecher-Kultur mit großer Dankbarkeit. Dem in Bochum geborenen Anthropologen verdankte er viele wertvolle Hinweise für seine Bücher „Deutschland in der Steinzeit" (1991), „Deutschland in der Bronzezeit" (1996), „Rekorde der Urzeit" (1992) sowie für zahlreiche Artikel in Zeitungen und Zeitschriften.

Nach den bisher bekannten Skelettresten waren die Menschen der Glockenbecher-Kultur bis zu 1,80 Meter groß, so ein Mann aus Oberstimm bei Manching (Kreis Pfarrenhofen a. d. Ilm) in Bayern. Ein Mann aus Münchingen (Kreis Ludwigsburg) in Baden-Württemberg erreichte 1,77 Meter. Ein anderer Mann aus Stuttgart-Zuffenhausen maß 1,76 Meter. Es gab aber auch kleinere Männer. So war beispielsweise ein im Ortsteil Kötzschen von Merseburg in Sachsen-Anhalt bestatteter Glockenbecher-Mann nur 1,66 Meter groß. Die Frauen hatten dort eine durchschnittliche Körpergröße von 1,60 Meter.

Die männlichen Glockenbecher-Leute in Österreich aus der jüngeren Phase der Glockenbecher-Kultur wurden – nach den Funden aus Henzing in Niederösterreich zu schließen – 1,66 bis 1,72 Meter groß. Aus anderen Gräbern liegen häufig nur Schädelreste vor, die keine Größenberechnung erlauben.

In Neugattersleben (Salzlandkreis) in Sachsen-Anhalt beobachtete man an einem Skelett frühe Entwicklungsschäden, die zu einem Turmschädel geführt hatten. In Köthen (Kreis Anhalt-Bitterfeld) in Sachsen-Anhalt fand man einen Spitzschädel, der auf ähnliche Ursachen zurückgeht, sowie einen Wasserkopf. In Langensalza (Burgenlandkreis) in Sachsen-Anhalt wies man die immer wieder feststellbaren Schäden an der Wirbelsäule nach. Von 130 untersuchten Glockenbecher-Leuten aus Mitteldeutschland hatten 14 von Karies befallene Zähne., was einem Anteil von 10,8 Prozent entspricht.

Bei dem bereits erwähnten, 1,60 Meter großen Mann aus Kötzschen waren in jungen Jahren die linke Speiche, die Elle, das Wadenbein sowie eine Rippe gebrochen. Beim Heilprozess scheint es zu Komplikationen gekommen zu sein. In das Ende des linken Schlüsselbeins hatte sich die zweite Rippe eingeschoben. Vermutlich kam es dadurch zu einer schiefen Körperhaltung weshalb das wahrscheinlich anfänglich nur in der Knochenhaut verletzte Schlüsselbein-Ende sich in seiner losen Lage ständig in die zweite Rippe einschob bzw. eindrückte.

In Deutschland, Österreich und der Schweiz ist bisher kein einziger Fall einer Schädeloperation (Trepanation) bekannt geworden. Dagegen konnte man in Tschechien einen solchen Eingriff in Slavko na morave (Austerlitz) nachweisen.

Die Glockenbecher-Kultur war in Europa nicht flächenhaft verbreitet. Laut Online-Lexikon „Wikipedia" bildete sie inselartige Fundkonzentrationen, zum Beispiel in Südbayern. Weil in frühen Phasen gemeinsame Gebrauchskeramik und Haustypen sowie einheitliche Bestattungssitten fehlen, handelte es sich in diesem Abschnitt wohl kaum um eine Kultur im engeren Sinn. Von einer Kultur kann man dagegen in jüngeren Phasen sprechen.

Obwohl die Glockenbecher-Kultur in weiten Teilen Deutschlands auftrat, kennt man nur wenige aussagekräftige Siedlungsreste. Offenbar hatten die Angehörigen dieser Kultur wie die Schnurkeramiker überwiegend Häuser errichtet, die im Boden kaum Spuren hinterließen.

Zu diesen seltenen Nachweisen gehören Hausgrundrisse von Ochtendung (Kreis Mayen-Koblenz) in Rheinland-Pfalz sowie von Hüls (Kreis Recklinghausen), Haldern (Kreis Kleve) und

Paderborn in Nordrhein-Westfalen. Sie stammten einerseits von quadratischen Wohngebäuden, bei denen das Dach durch den Mittelpfosten gestützt wurde (Ochtendung-Fressenhöfe, Paderborn), andererseits von dreischiffigen rechteckigen Häusern (Haldern, Ochtendung-Autobahn).

In Ochtendung wurden sogar zwei kleine Siedlungen nachgewiesen. Auf die erste davon stieß man im Sommer 1939 beim Bau der Autobahn Koblenz-Trier. Es handelte sich um zwei rechteckige Hausgrundrisse, die etwa sechs Meter voneinander entfernt lagen. Haus 1 hatte einen Grundriss von 6 mal 6 Metern mit wahrscheinlich eingetieftem Boden, Haus 2 einen Grundriss von 6,50 mal 4,50 Metern. Diese Siedlung von Ochtendung ist durch den Bonner Prähistoriker Walter Rest (1912–1942) ausgegraben worden.

Auf die zweite Ochtendunger Siedlung wurde man im Herbst 1976 etwa 450 Meter südlich der Fressenhöfe aufmerksam. Friedel Gebert, der im Raum Mayen tätige Pfleger des „Staatlichen Amtes für Vor- und Frühgeschichte" in Koblenz, beobachtete bei der Anlage einer neuen Bimsgrube einige Verfärbungen, die sich durch Funde aus der Jungsteinzeit datieren ließen. Bei den Untersuchungen im März 1977 durch den Grabungstechniker Hans Gadenz aus Koblenz kamen zunächst drei Hausgrundrisse von 5 mal 4,50, 4,50 mal 4 und 5,60 mal 4,50 Metern zum Vorschein. Im Juli 1977 entdeckte man in etwa 70 Meter Entfernung einen weiteren Grundriss von etwa 6,50 mal 4,70 Metern, den der Prähistoriker Horst Fehr aus Koblenz untersuchte.

In den Ochtendunger Behausungen hatte wohl jeweils nur eine einzige Familie Platz. Etwas größer war der aus Hüls bekannte Hausgrundrisss mit den Maßen 10 mal 5 Meter. Der einzelne Hausgrundriss in Haldern erreichte 5 mal 3 und derjenige in Paderborn 6 mal 6 Meter.

Hinterlassenschaften eines Dorfes mit sieben erhaltenen Hausgrundrissen aus zwei Bauphasen entdeckte man in Cortaillod-Sur les Rochettes-Est im schweizerischen Kanton Neuchatel (Kanton Neuenburg). Die Häuser waren 13,7 bis 17 Meter lang und 3,80 bis 4,60 Meter breit. Neben Géovreissiat/Derrière-le-Chateau im französischen Département Ain gilt Cortaillod-Sur Les Rochettes-Est als das zweite bekannte Dorf der Glockenbecher-Kultur nördlich der Alpen. An der Fundstelle Beaux-Le Bataillard auf dem Plateau von Beaux im Kanton Neuchatel ließ sich anhand von acht Pfostenstellungen der Grundriss eines etwa 13 Meter langen und 3,70 Meter breiten zweischiffigen Hauses der Glockenbecher-Kultur rekonstruieren. Auf dem Plateau stieß man auf 29 Fundstellen mit Siedlungs- und Gräberresten.

In Rances im schweizerischen Kanton Waadt gab es von etwa 2.400 bis 2.200 v. Chr. eine Siedlung der Glockenbecher-Kultur. Ihre Spuren fand man direkt unter frühbronzezeitlichen Schichten. In die gleiche Zeit werden Siedlungsspuren der Glockenbecher-Kultur aus Bavois im Kanton Waadt datiert.

Sicherlich bestand in der Nähe des Gräberfeldes von Sitten-Petit-Chasseur im Wallis zwischen etwa 2.400 und 2.200 v. Chr. eine Siedlung der Glockenbecher-Leute, deren Bewohner dort ihre Toten bestatteten. Vorher hatten dort bereits Angehörige der Saone-Rhone-Kultur (etwa 2.800 bis 2.400 v. Chr.) ihre Verstorbenen zu letzten Ruhe gebettet. Nach den Glockenbecher-Leuten beerdigten dann Menschen der Frühbronzezeit auf diesem Friedhof ihre Toten.

Eine Siedlung der Glockenbecher-Kultur von wehrhaftem Charakter kennt man aus Spanien. Bei Pedro de Ouro in der Provinz Estremadura erstreckte sich eine mit Mauern und Türmen befestigte Siedlung auf einem Geländesporn, der auf drei Seiten von Steilabfällen umgeben und somit vor Angriffen

Berittener Krieger der Glockenbecher-Kultur
mit Pfeil und Bogen.
Zeichnung von Fritz Wendler (1941–1995)
für das Buch „Deutschland in der Steinzeit" (1991)
von Ernst Probst

geschützt war. In Holland hat man Spuren einer Palisade gefunden. All dies passt nicht zum Bild eines „Volkes reisiger Bogenschützen".

Auch andere Befunde sprechen dagegen, dass es sich bei den Glockenbecher-Leuten um Menschen ohne festen Wohnsitz handelte. Abdrücke von Gersten-, Emmer- und Weizenkörnern an Glockenbechern liefern Hinweise auf Ackerbau. Tierknochen vom Hausschwein bezeugen die Haltung von Haustieren. die Tauschgeschäfte und Fernverbindungen belegen.

In der Glockenbecher-Siedlung von Nähermemmingen bei Nördlingen in Bayern überwogen bei den Haustieren die Rinder vor Schafen/Ziegen und Schweinen. Reste von Wildtieren hat ,am dort nicht geborgen. Im böhmischen Holubice stammten 99,8 Prozent der Tierknochen von Haustieren: davon 72 Prozent vom Rind, 13 Prozent vom Schwein, 12 Prozent von Schaf/Ziege und der Rest vom Hund.

Glockenbecher-Leute haben in Portugal, Spanien, Frankreich, England und Irland Pferde als Haustiere eingeführt. In Deutschland schätzte man diese Tiere schon früher als lebenden Fleischvorrat. Im Grab I von Oberstimm bei Manching (Kreis Pfaffenhofen a. d. Ilm) in Oberbayern lag bei den Füßen eines fast 1,80 Meter großen Mannes ein Pferdeschädelfragment. In einer Kiesgrube westlich von Oberstimm hatte der ehrenamtliche Mitarbeiter des „Bayerischen Landesamtes für Denkmalpflege, Grabungsbüro Ingolstadt", Richard Zwyrtels aus Manching, 1986 im Abstand von einigen Monaten zwei Gräber entdeckt. Deren mit dunklem Erdreich verfüllte Grabgruben hatten sich deutlich im hellen Kies abgehoben. Die Gräber wurden von dem Prähistoriker Karl Heinz Rieder aus Ingolstadt untersucht. In Grab II war ein ähnlich großer Mann zur letzten Ruhe gebettet. Darin kamen fünf verzierte Eberzahnanhänger zum Vorschein.

Feuerstein von Grand Pressigny im französischen Département
Indre-et-Loire im „Muséum de Toulouse“,
Sammlung Édouard Harlé (1850–1922).
Foto: Rama / CC-BY-SA-2.0-FR (via Wikimedia Commons),
lizensiert unter CreativeCommons-Lizenz by-sa-2.0-fr,
https://creativecommons.org/licenses/by-sa/2.0/fr/legalcode

In Zuchering (Kreis Ingolstadt) hatte man einem Bestatteten einen Pferdeknochen mit ins Grab gelegt. Aus Vyskov in Mähren kennt man eine Bestattung, der zwei Pferdeschädel beigegeben waren. In einer Siedlung mit Häusern aus Lehmziegeln auf dem Cerro de la Virgen in Orce (Provinz Granada) enthielten die untersten Schichten keine Pferdeknochen, während solche gleichzeitig mit dem Auftreten der Glockenbecher-Kultur häufig nachweisbar sind.

Auf manchen Fundplätzen der Glockenbecher-Kultur stieß man auf Objekte, die Tauschgeschäfte und Fernverbindungen belegen. Dazu gehören Klingen und Dolchklingen aus dem Feuerstein von Grand Pressigny im französischen Département Indre-et-Loire, den auch die Schnurkeramiker schätzten. Dieser begehrte Rohstoff wurde zur Zeit der Glockenbecher-Kultur bis in die Bretagne, nach Belgien, Holland, Deutschland und in die Schweiz geliefert. Importwaren dürften auch andere seltene Steinarten sowie Bernstein, Metall und Kupfergeräte gewesen sein. Nach Ansicht mancher Prähistoriker haben die Glockenbecher-Leute die damals bekannten Vorkommen von Kupfer, Gold und Silber in Europa ausgebeutet und mit diesen Rohstoffen gehandelt.

Als Bestandteile der Kleidung oder als Schmuck gelten zumeist runde, seltener ovale Knöpfe aus Rothirschgeweih oder Tierknochen. Die Löcher darin sind V-förmig angeordnet. Derartige Knöpfe wurden in einer Reihe oder in drei Reihen vom Hals bis zur Gürtelgegend auf der Körpervorderseite auf die Garderobe aufgenäht. Dabei ist ungewiss, ob sie zum Zuknöpfen oder als Zierde gedacht waren. Manchmal sind solche Knöpfe anscheinend auch auf Halsbändern oder Kopfbedeckungen angebracht worden. Mitunter verwendete man als Rohstoff für die Knöpfe auch Bernstein.

Als Schmuck dienten Halsketten mit Bernsteinperlen, halbmondförmige Zierstücke aus Knochen oder Geweih, verschiedene Tierzahnanhänger wie beispielsweise Eberhauer und sogar metallene Ohr- und Lockenringe. Kostbarkeiten wie goldene oder silberne Ohrringe sowie silberne oder aus Elektron (Legierung aus Gold, Silber und Kupfer) hergestellte Lockenringe waren offensichtlich vornehmen Männern vorbehalten.

In einem Grab in Hedersleben (Kreis Mansfeld-Südharz) in Sachsen-Anhalt wurden drei Bernsteinperlen gefunden. Am Hals und oberen Brustbereich eines in Oberstimm bestatteten Mannes lagen fünf reich verzierte Anhänger aus Ebereckzähnen. Patinaspuren am Schädel eines in Roßleben (Kyffhäuserkreis) in Thüringen bestatteten Glockenbecher-Mannes weisen auf ein Diadem als Kopfschmuck hin. Ein Diadem aus Goldblech mit Löchern, das auf eine Haube aufgenäht war, sowie Gold- und Bernsteinperlen lagen in einem der im Baugebiet Eching-West (Kreis Freising) in Bayern entdecken Gräber. Ein goldenes Diadem von 18,5 Zentimeter Länge kam in einem Grab von Großmehren (Kreis Ingolstadt) in Bayern zum Vorschein. Einen kleinen Goldring, den der Tote im Haar oder im Ohr trug, fand man im Grab eines Kriegers im bayerischen Barbing (Kreis Regensburg. Zu den Grabbeigaben des etwa 20 Jahre alten Mannes gehörten auch ein kupferner Dolch, drei steinerne Pfeilspitzen, Werkzeuge und eine tönerne Schale. Als ältester Goldfund in Sachsen-Anhalt gilt ein goldener Haarring aus dem Grab eines 45 bis 55 Jahre alten Mannes in Rothenschirmbach (Kreis Mansfeld-Südharz). Im Grab eines in Apfelstädt (Kreis Gotha) in Thüringen bestatteten ranghohen Kriegers lagen zwei Lockenringe aus Elektron, zwei tönerne Becher, eine Armschutzplatte, eine Feuersteinklinge (Messer) und fünf Pfeile. Der zwischen 35 und 50 Jahren alte, 1,70 Meter große Mann hatte vielleicht bei einem Sturz vom Pferd etliche Verletzungen erlitten, die verheilten.

An welch kostbaren Schmuckstücken man sich damals erfreute, belegen Funde aus den Gräbern von Leopoldsdorf bei Wien. Dort wurden offensichtlich die Mitglieder gesellschaftlich herausragender Familien bestattet, denen man Gold und Bernsteinschmuck mit ins Grab legte. Aus einem Brandgrab von Oberndorf in der Ebene (Niederösterreich) barg man einen fragmentarisch erhaltenen verzierten Lockenring aus dünnem Silberblech. In anderen Glockenbecher-Gräbern kamen Eberhauer-Schmuck und halbmondförmige, verzierte Knochenanhänger zum Vorschein.

Mit ungewöhnlich vielen und wertvollen Grabbeigaben hat man einen im Alter zwischen 35 und 45 Jahren gestorbenen Mann in Amesbury (Großbritannien), rund fünf Kilometer von der berühmten Steinkreisanlage Stonehenge entfernt, vor mehr als 2.300 v. Chr. bestattet. Seine mehr als 100 Grabbeigaben sind zehnmal so viel, wie üblicherweise in einem Grab aus dieser Zeit zu finden ist. Im Grab lagen 16 steinerne Pfeilspitzen, zwei steinerne Armschutzplatten, drei sehr seltene Kupfermesser, ein Paar wertvolle Goldringe und goldene Haarspangen sowie reich verzierte Glockenbecher mit Speisen für das Weiterleben im Jenseits. Der offenbar bedeutende Tote wird „Amesbury Archer" („Bogenschütze von Amesbury" oder „König von Stonehenge" genannt. Auf sein Grab war man im Mai 2002 beim Bau einer Schule gestoßen. Analysen des Zahnschmelzes ergaben, dass dieser Mann aus der Alpenregion (Schweiz, Österreich, Süddeutschland) stammte. Er hatte eine schwere Verletzung am linken Knie, das zertrümmert war. Die Kniescheibe fehlte und der Knochen wies entzündliche Stellen

Aquarell „Stonehenge" des britischen Malers
John Constable (1776–1837) von 1835.
Original im „Victoria and Albert Museum", London.
Foto (via Wikimedia Commons),
Lizenz: gemeinfrei (Publiic domain)

auf. Zudem litt dieser Mann zu Lebzeiten unter einem schmerzhaften Kieferabszess. In Nähe des Hockergrabes jenes Mannes befand sich das Grab eines etwa 20 bis 25 Jahre alten Mannes, der im Gebiet von Stonehenge aufgewachsen war. Da sowohl beim älteren als auch beim jungen Mann das Kahn- und Fersenbein miteinander verwachsen war, könnten die Beiden verwandt gewesen sein. Es wird spekuliert, der ältere Mann mit besonderen handwerklichen Fähigkeiten wie beispielsweise Metallverarbeitung sei nach Großbritannien eingewandert.

Funde aus der Schweiz verraten, dass die Glockenbecher-Leute sogar Kunstwerke aus Stein geschaffen haben. Als eindrucksvollster Beweis hierfür gelten Fragmente überlebensgroßer menschengestaltiger Stelen im Gräberfeld Petit-Chasseur („Kleiner Jäger") in Sitten (Sion) im Kanton Wallis. Auf ihnen sind unter anderem Teile der Kleidung, des Schmuckes und der Bewaffnung zu erkennen.

Aus Deutschland kennt man bisher noch keine sicher in die Glockenbecher-Kultur datierte Stele. Eine Zugehörigkeit zur Glockenbecher-Kultur wird für eine menhirartige Grabstele erwogen, die im Ortsteil Rössen von Leuna (Kreis Merseburg) in Sachsen-Anhalt gefunden wurde, die jedoch auch den teilweise gleichzeitig existierenden Schnurkeramischen Kulturen zugerechnet werden könnte.

Unter den Tongefäßen der Glockenbecher-Kultur überwiegen becherartige Formen, vor allem die bereits erwähnten Glockenbecher. Diese waren in der Regel ohne Henkel und zumeist verziert. Typisch für die Glockenbecher ist zudem der rotgebrannte Ton. Außerdem gab es verzierte und unverzierte flache Schalen mit Fußring oder mit vier und mehr Füßchen, Trichterschalen und Henkelkrüge.

Steinerne Grabstele mit Sonnenmotiv
des Dolmen MI aus der Totenstadt von Sitten-Petit-Chasseur
(„Kleiner Jäger") in Sitten (Sion) im Kanton Wallis.
Foto: Musée cantonal d'archéologie, Sitten

Die Verzierungen wurden mit kammartigen Stempeln, fein-gezähnten Holzstöckchen oder Knochenstäbchen vor dem Brand im Töpferofen auf dem weichen Ton angebracht.

Weit verbreitet war auch die Verzierung mit Schnurabdrücken. Die Verzierung baute sich aus parallelen waagrechten Ornamentstreifen auf, die Zickzackmotive (darunter das Fischgrätenmuster), unterbrochen von leeren Feldern oder senkrechten Strichen, Strichgruppen, Leitermuster, Dreiecke oder Kreuze enthielten. Teilweise war die Keramik der Glockenbecher-Kultur vom Rand bis zum Boden verziert. Manchmal bestand die Verzierung aus zwei waagrechten Zonen, die durch eine breite leere Zone voneinander getrennt sind, oder nur aus einer einzigen Zone am Gefäßoberteil. Es gab aber auch unverzierte Tongefäße.

In seltenen Fällen konnte man sogar Reste von Farbpaste in den eingetieften Mustern oder von der Bemalung auf der Gefäßwand nachweisen.

Funde von Glockenbechern kennt man beispielsweise aus Rheinhessen (Esselborn, Guntersblum, Mainz, Monsheim, Nierstein, Ober-Olm, Selzen, Siefersheim, Worms). Bei Ebersheim (seit 1969 ein Stadtteil von Mainz) hat man bereits 1910 einen Glockenbecher gefunden.

Der bisher prächtigste Fund aus der Jungsteinzeit in Mainz-Kastel (heute ein Stadtteil von Wiesbaden) ist zweifellos ein verzierter tönerner Glockenbecher aus einem Flachgrab am Petersberg. Dieses Tongefäß wurde am 7. März 1914 dem damaligen „Altertumsmuseum Mainz" (heute: „Landesmuseum Mainz") von einem „Dr. Schmiedgen" geschenkt. Der Wiesbadener Wissenschaftsautor Ernst Probst spekulierte, dass es sich bei „Dr. Schmiedgen" um den damaligen Direktor des „Naturhistorischen Museums Mainz", Dr. Otto Schmidtgen (1879–1938), handeln könnte. Der ungefähr 4.000 bis 4.500

Verzierter tönerner Glockenbecher
der Glockenbecher-Kultur
aus einem Flachgrab am Petersberg in Mainz-Kastel.
Foto: Landesmuseum Mainz

Jahre alte Glockenbecher vom Petersberg wird noch heute im „Landesmuseum Mainz" aufbewahrt und hat die Inventarnummer „0,1184".

Einen Glockenbecher barg man – laut „Aus Wiesbadens Vorzeit" (1972) von Karl Wurm (1893–1951) und Helmut Schoppa (1907–1980) – in einem Einzelhügel in den „Sonnenberger Fichten". Als Fundort der Glockenbecher-Kultur gilt auch eines von zwei Flachgräbern am Nassauer Ring in Wiesbaden mit einem unverzierten Becher, einem kleinen unverzierten Schälchen und einem Töpfchen.

Der erste fragmentarisch erhaltene Glockenbecher in Österreich wurde 1926 von dem Lehrer Karl Mosler (1891–1988) aus Wien in Großweikersdorf (Niederösterreich) entdeckt. 1927 hat der Wiener Prähistoriker Josef Bayer (1882–1931) darüber berichtet.

Auch in der Zeit der Glockenbecher-Kultur war der Bedarf an Feuerstein für die Herstellung von Werkzeugen und Waffen noch groß. Deshalb baute man in manchen Gegenden die natürlichen Vorkommen von Feuerstein in großem Stil ab. Einer dieser Abbaue war der Isteiner Klotz bei Efringen-Kirchen (Kreis Lörrach) in Baden-Württemberg. Dort arbeitete man sich auf eine Länge von 1.200 Metern an einem Steilhang in das massive Gestein ein, um die Feuersteinknollen zu gewinnen.

Die Glockenbecher-Leute verfügten neben Werkzeugen aus Feuerstein, zu denen vor allem Klingen gehörten, auch über Geräte aus Felsgestein sowie aus Knochen und Geweih, die man zu Meißeln und Spitzen verarbeitete. Mitunter haben diese Menschen sogar Werkzeuge geschaffen, die offenbar nicht für den Alltag gedacht waren.

Etwas Besonderes stellte zweifellos ein Depot von fünf feinpolierten Jadeitbeilen aus Mainz-Gonsenheim in Rheinland-

Pfalz dar. Jadeit ist ein grünliches bis weißliches Mineral, das in der Mainzer Gegend nicht vorkommt. Diese Jadeitbeile eigneten sich nicht als Werkzeuge. Sie wiesen auch keinerlei Gebrauchsspuren auf. Ihre Fundgeschichte wird in der vom damaligen „Mittelrheinischen Landesmuseum Mainz" herausgegebenen Schrift „Von der Steinzeitvenus bis zur Jupitersäule" (1980) des Journalisten und Autors Rolf Dörrlamm (1938–1998) geschildert. Die fünf Jadeitbeile sind bereits 1899 bei Erdarbeiten unweit von Gonsenheim (erst 1938 zu Mainz eingemeindet) entdeckt worden. Anfangs wusste man nicht genau, worum es sich dabei handelte. Bevor sich Archäologen mit den Jadeitbeilen befassten, war bereits der Lederbeutel, in dem sie – wie erst später bekannt wurde – gelegen hatten, verschwunden. Er wird in der Fachliteratur erwähnt, blieb aber bis heute verschollen. „Über die flachen, spitzen Jadeitsteine sagen die Gelehrten, es handelt sich offenbar nicht um Gebrauchs-, sondern um Kultgegenstände", schrieb Dörrlamm. Die fünf Jadeitbeile werden im „Landesmuseum Mainz" aufbewahrt. Das größte von ihnen ist 23,5 Zentimeter lang.

Als Hauptwaffe der Glockenbecher-Leute dienten Pfeil und Bogen. Darauf deuten weniger die sehr seltenen Bögen aus Eibenholz in Holland und England hin als die zahlreichen aus Feuerstein geschlagenen Pfeilspitzen sowie die sorgfältig geschliffenen Armschutzplatten. Diese länglichen, zumeist gewölbten Objekte aus Stein mit Durchbohrungen in den Ecken sind eine Eigenart der Glockenbecher-Kultur. Man betrachtet sie als Schutz vor der nach dem Pfeilschuss zurückschnellenden Bogensehne. Dass diese Annahme berechtigt ist, zeigten manche Bestattungen von männlichen Glockenbecher-Kriegern. In einem Grab von Kornwestheim (Kreis Ludwigsburg) in Baden-Württemberg lag beispielsweise eine solche Armschutzplatte tatsächlich in ihrer angenommenen Position am linken Unterarm.

Als weitere Waffe standen den Glockenbecher-Leuten meisterlich zurechtgeschlagene Feuersteindolche zur Verfügung, die aus dem bereits erwähnten Grand-Pressigny-Feuerstein angefertigt wurden.

Aus Gräbern der Glockenbecher-Kultur kamen mitunter auch Werkzeuge (Pfrieme) und Waffen (Äxte, Dolche) aus Kupfer zum Vorschein. Steinerne Werkzeuge zum Schmieden des Kupfers wurden in Gräbern von Großkayna (Saalekreis), Sandersdorf (Kreis Anhalt-Bitterfeld), Stedten (Kreis Mansfeld-Südharz), alle in Sachsen-Anhalt gelegen, gefunden. In Tschechien hat man Gussformen entdeckt, die belegen, dass die Glockenbecher-Leute hervorragende Metallurgen waren.

Die Menschen der Glockenbecher-Kultur bestatteten ihre Toten zumeist unverbrannt vor allem in Erdgräbern sowie seltener in Steinkistengräbern, Gräbern unter Steinplatten und Gräbern mit Holzeinbauten. Häufig nahm man in vor mehr als 500 Jahren früher errichteten Großsteingräbern (Megalithgräber) Nachbestattungen vor. Laut „Wikipedia" haben Angehörige der Glockenbecher-Kultur und Einzelgrab-Kultur in mindestens der Hälfte aller Großsteingräber ihre Toten zur letzten Ruhe gebettet. Bei Brandgräbern, die anscheinend in einem jüngeren Abschnitt häufiger auftraten, bewahrte man die Asche entweder in einer Urne auf, stülpte einen Glockenbecher darüber oder schüttete sie in die Grabgrube.

Männer bestattete man vorzugsweise in nord-südlicher Richtung. Ihr Kopf wies nach Norden, die Füße lagen im Süden, der Körper ruhte auf der linken Seite mit angezogenen Beinen, und das Gesicht war nach Osten gewandt. Bei Frauen lag der Kopf meistens im Süden, die Füße befanden sich im Norden, der Körper mit ebenfalls angezogenen Beinen war

Feinpolierte Jadeitbeile der Glockenbecher-Kultur
aus Mainz-Gonsenheim.
Das größte Beil (unten) ist 23,5 Zentimeter lang.
Foto: Landesmuseum Mainz

auf die rechte Seite gelegt. Wie bei den Männern herrschte bei den Frauen die Blickrichtung nach Osten vor, also dorthin, wo die Sonne aufgeht. Durch diese Ausrichtung der Bestatteten unterschieden sich die Glockenbecher-Leute strikt von gleichzeitigen Schnurkeramikern. Bei letzteren war die Hauptorientierungsachse Ost-West mit Blickrichtung nach Süden. Zu den größten Friedhöfen der Glockenbecher-Kultur in Deutschland zählen die Gräberfelder von Wehrstedt (Kreis Harz) mit 23 Gräbern und von Schafstädt (Saalekreis) mit elf Gräbern, die sich beide in Sachsen-Anhalt befinden. Das Gräberfeld von Wehrstedt wurde in den 1930er Jahren in einer Kiesgrube entdeckt. Die Entdeckungsgeschichte des Gräberfeldes in Schafstädt begann im September 1946. Damals fand der ehrenamtliche Bodendenkmalpfleger im Kreis Merseburg, Gustav Pretzien (1869–1956) in Schafstädt drei Körperbestattungen, darunter ein Steingrab. Er barg sie wegen deren Gefährdung durch den Sandgrubenbetrieb. Bei einer Grabung des „Landesmuseums für Vorgeschichte Halle/Saale" unter Leitung des Prähistorikers Waldemar Matthias wurden acht weitere Gräber, darunter drei Steingräber, freigelegt.

„Krieg und Gewalt zur Zeit der Glockenbecher-Leute", so lautete die Überschrift eines Beitrages von Francois Bertemes in dem von Harald Meller und Michael Schefzik herausgegebenen Begleitband zur Sonderausstellung „Krieg. eine archäologische Spurensuche" (2015) im „Landesmuseum für Vorgeschichte Halle/Saale". Die Schau vom 6. November 2015 bis zum 22. Mai 2016 spürte den Ursprüngen des Phänomens „Krieg" nach. Beginnend bei der einfachen, zwischenmenschlichen Gewalt früher Jäger und Sammler über die ersten tribalen Kriege der Jungsteinzeit hin zu den Armeen und regelrechten Schlachten der Bronzezeit.

Pfeilspitzen der Glockenbecher-Kultur
im „Archäologischen Landesmuseum Schleswig-Holstein",
Schloss Gottorf.
Foto: Einsamer Schütze / CC-BY-SA3.0 (via Wikimedia Commons),
lizensiert unter CreativeCommons-Lizenz by-sa-3.0-en,
https://creativecommons.org/licenses/by-sa/3.0/legalcode

Zur Zeit der Glockenbecher-Kultur ging es im Gebiet von Deutschland nicht immer friedlich zu. 2005 stießen Archäologen in Eulau unweit von Naumburg an der Saale in Sachsen-Anhalt auf Spuren eines Massakers um 2.500 v. Chr. In einem Kiestagebau fanden sie vier Gräber mit insgesamt 13 menschlichen Skeletten. Es waren zwei Männer, drei Frauen und acht Kinder, die durch Pfeilschüsse und Axthiebe ihr Leben verloren haben. Ihre Mörder kamen vermutlich, als das Gros der Männer ihr Dorf verlassen hatte. Nach der Hockerlage, der Blickrichtung und den Beigaben der Toten zu schließen, handelte es sich bei diesen um Schnurkeramiker. Querstehende Pfeilspitzen, die eine junge Mutter getötet hatten, sind typisch für die Schönfelder Kultur. Die Art und der Gehalt des Elements Strontium im Zahnschmelz der drei ermordeten Frauen unterschied sich von den Werten der umgebrachten Männer und Kinder. Anscheinend waren die Frauen nicht an der Saale, sondern im Harz aufgewachsen, wo sie von Schnurkeramikern entführt wurden. Aus dem Harz kamen die Mörder, die aus Rache, Wut und Neid handelten.
2014 haben der Archäologe Immo Heske und die Biologin Silke Grefen-Peters etliche Skelette von Glockenbecher-Leuten aus dem Kreis Helmstedt in Niedersachsen beschrieben, die durch Gewalt ums Leben kamen.
Ein zwischen 50 und 60 Jahren alter, 162 Meter großer Mann, den man im Hügel „Groote Höckels" bei Beierstedt begraben hatte, starb an den Folgen einer Schussverletzung. Der Pfeil war von vorne in den Unterbauch eingedrungen und zwischen dem letzten Brust- und ersten Lendenwirbel stecken geblieben. Die damit verbundenen schweren inneren Verletzungen haben vermutlich durch hohen Blutverlust schnell zum Tod geführt. Im Brustbereich eines 40-jährigen, etwa 1,70 Meter großen Mannes aus einem Grab in Esbeck wurde eine Pfeilspitze

Foto auf Seite 37:

*Display zum Bestattungsplatz Eulau unweit von Naumburg
im „Landesmuseum für Vorgeschichte Sachsen-Anhalt"
in Halle/Saale.
Foto: Juraj Lipták, States Office for Heritage Management
and Archeology Saxony-Anhalt / State Museum of Prehistory /
CC-BY-3.0 (via Wikimedia Commons),
lizensiert unter CreativeCommons-Lizenz by-3.0-en,
https://creativecommons.org/licenses/by/3.0/legalcode*

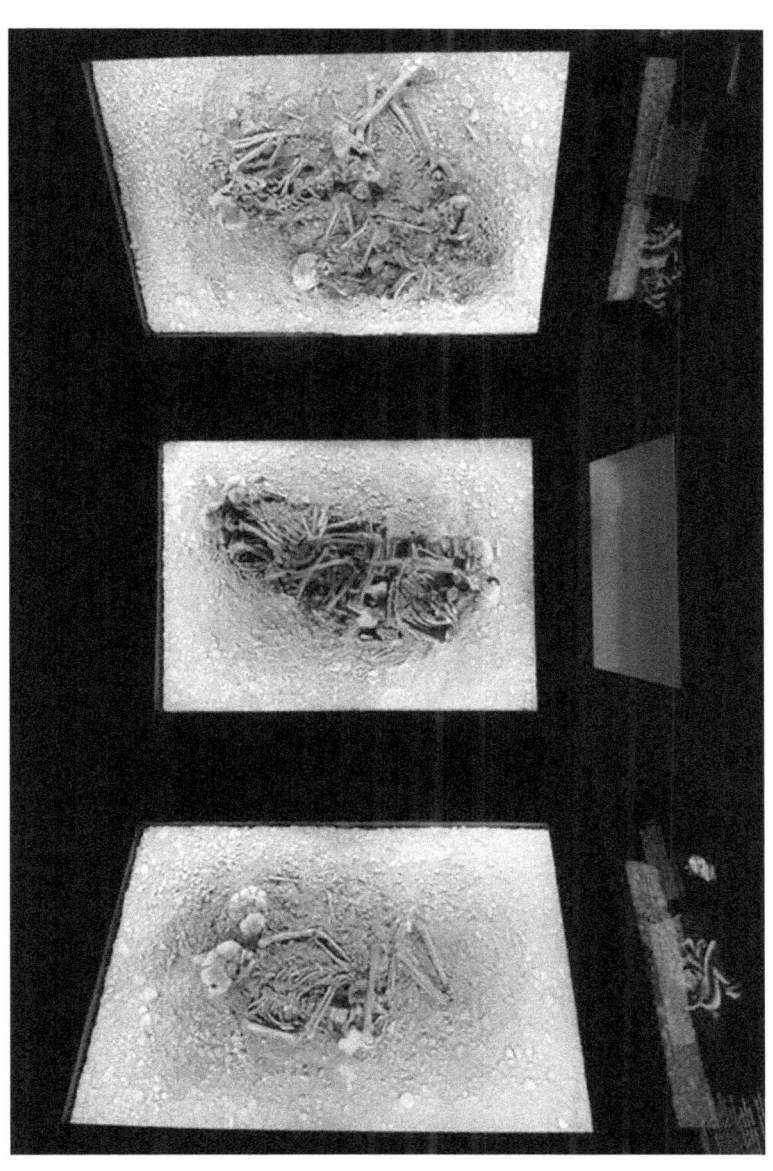

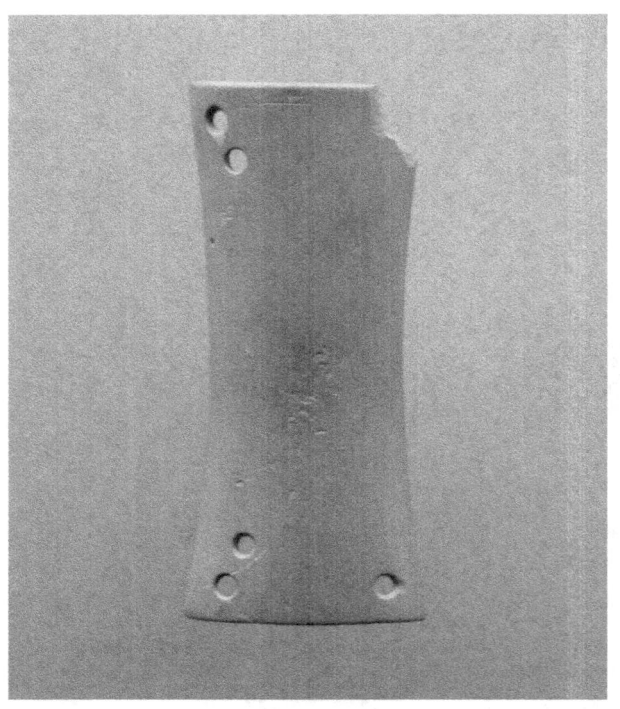

Armschutzplatte der Glockenbecher-Kultur
im „Archäologischen Landesmuseum Schleswig-Holstein",
Schloss Gottorf.
Foto: Einsamer Schütze / CC-BY-SA3.0 (via Wikimedia Commons),
lizensiert unter CreativeCommons-Lizenz by-sa-3.0-en,
https://creativecommons.org/licenses/by-sa/3.0/legalcode

entdeckt. Sie war nicht in einem Knochen stecken geblieben, dürfte aber in den Körper eingedrungen und dort verblieben sein. Hier handelte es sich offenbar um einen der seltenen Fälle einer Weichteilverletzung mit Todesfolge. Der hohe Blutverlust bewirkte auch hier einen schnellen Tod.

Eine Schussverletzung auf dem linken Schienbein knapp unterhalb des Kniegelenkes wurde einem zwischen 50 und 60 Jahre alten, rund 1,75 Meter großen Mann bei Hoiersdorf zum Verhängnis. Er starb wenige Monate, nachdem man die Pfeilspitze entfernt hatte, an einer ausgedehnten Entzündung. Zu seinen Grabbeigaben gehörten neben einer tönernen Schale zwei Pfeilspitzen.

Mehr als ein halbes Jahr nach einem mit großer Wucht ausgeführten Schlag auf den Kopf starb ein ungefähr 65 Jahre alter, über 1,70 Meter großer Mann, der in einem von fünf Gräbern (Stelle 126) in Schöningen bestattet worden ist. Nach drei Feuerstein-Pfeilspitzen und einer verzierten Armschutzplatte zu schließen, war dieser Mann zu Lebzeiten ein Bogenschütze gewesen.

Tödlich durch einen Pfeilschuss in den Brustkorb getroffen wurde ein etwa 25 bis 35 Jahre alter Mann aus Grab 7 von Kölsa (Kreis Nordsachsen). Eine Pfeilspitze streckte in seinem Brustkorb, eine abgebrochene Pfeilspitze im Knochen des linken angewinkelten Ellenbogens. Zwei weitere Pfeilspitzen befanden sich unmittelbar am Becken.

So ausgedehnte Gräberfelder wie in Deutschland hat man bisher in Österreich nicht finden können. Je vier Bestattungen der jüngeren Glockenbecher-Kultur kennt man aus Henzing in Niederösterreich und aus Oggau im Burgenland. Die Bestattungen aus Henzing wurden im März 1974 beim Abbau von Schotter in der Schottergrube Lehner entdeckt. Der Kustos des Heimatmuseums Tulln, Oberschulrat Josef Köstlbauer,

informierte die Prähistorikerin Ingeborg Friesinger aus
Zeiselmauer über den Fund. Sie und der Wiener Prähistoriker
Horst Adler bargen die Bestattungen. In Henzing hatte man
drei Männer und ein fünfjähriges Kind beerdigt. Ein weiteres
Grab war schon 1932 gefunden worden. Die vier Bestattungen
in Oggau wurden bei Bauarbeiten in den Jahren 1931 bis 1940
entdeckt. In Linz-Scharlinz (Oberösterreich) barg man ein
Schädeldach.
In einer Sandgrube von Laa an der Thaya (Niederösterreich)
sind 1952 zwei Brandgräber mit Hinterlassenschaften der
älteren Glockenbecher-Kultur zum Vorschein gekommen. Den
beiden auf dem Scheiterhaufen verbrannten Toten hatte man
mehrere verzierte Glockenbecher, zwei Armschutzplatten,
einen Bernsteinknopf und zwei Eberzähne mitgegeben. Die
Funde wurden vom damaligen Museumsleiter Karl Müller
(1894–1933) und vom Lehrer Friedrich Kohlhammer (1883–
1952) geborgen. Ein im Frühjahr 1982 in Oberndorf in der
Ebene (Niederösterreich) entdecktes Brandgrab lag inmitten
eines Kreisgrabens.
Zu den imposantesten Gräbern der Glockenbecher-Leute in
der Schweiz gehören diejenigen der Totenstadt von Sitten-Petit-
Chasseur. Die Benutzungsdauer dieses Gräberfeldes lässt sich
in verschiedene Perioden gliedern. Nachfolgende Beschreibung
der Totenstadt fußt weitgehend auf der Abhandlung „Sitten,
Petit-Chaussseur" in dem Werk „Das Wallis vor der Ge-
schichte" (1986) von Alain Gallay.
In der frühesten glockenbecher-zeitlichen Periode wurden die
Steinkistengräber MI, MV und MXI erbaut und benutzt. Diese
Gräber haben im Gegensatz zum Dolmen MVI aus der
vorhergehenden Saone-Rhone-Kultur (etwa 2.800 bis 2.400 v.
Chr.) keinen dreieckigen Sockel mehr. Sie besitzen aber ebenso
wie dieser Dolmen einen Eingang an der Seite. Die im Umkreis

des Steinkistengrabes MXI festgestellten Pfostenlöcher stammten von einem Holzbau mit mutmaßlichem Strohdach, der dieses Grab schützte. Schutzbauten ähnlicher Art gab es zu dieser Zeit auch im Jura, wie der Dolmen von Aillevans zeigt. Die menschengestaltigen Stelen aus dieser Periode tragen geometrische Motive und Darstellungen von Bogen.

In der nächsten Periode wurden die früher beigesetzten Saone-Rhone-Leute aus dem Dolmen MVI entfernt, um Platz für neue Bestattungen zu gewinnen. Dabei schaffte man die Knochenreste der Körper achtlos nach draußen. Die Schädel stellte man dagegen sorgfältig am Fuße der niedrigen, den dreieckigen Sockel begrenzenden Mauer in einer Reihe auf. In der Grabkammer des Dolmen MVI, die merklich größer als die benachbarten Steinkistengräber war, bestattete man fortan die eigenen Toten.

Während der letzten glockenbecher-zeitlichen Periode baute man die kleinen Steinkisten MII, MIII, MVII, MVIII, MIX und MX. Dabei verwendete man die ehedem aufrecht stehenden Stelen als Baumaterial. Diese Statuenmenhire besaßen also zu dieser Zeit keine kultische Funktion mehr. Auch in der anschließenden Frühbronzezeit wurde diese Totenstadt weiter benutzt.

In sämtlichen Perioden der Glockenbecher-Kultur wurden den Bestatteten tönerne Glockenbecher sowie Muscheln der Gattung *Pectunculus* und *Columbella* mit ins Grab gegeben.

Interessante Einblicke in das Bestattungswesen der Glockenbecher-Leute ermöglichten auch zwei am nordöstlichen Hang des Lienne-Tales unterhalb des Hügels Lin-Chateau von Ayent im Kanton Wallis entdeckte Steinkistengräber. An dieser Fundstelle, die Zampon Noale genannt wird, hatten Glockenbecher-Leute offenbar zwei Steinkistengräber vom Typ Chamblandes, die gut 1.000 Jahre früher von Angehörigen der Cortaillod-

Großsteingrab (Dolmen MVI) mit Menhiren
aus der Totenstadt von Sitten-Petit-Chasseur im Kanton Wallis
zur Zeit der Glockenbecher-Kultur.
Zeichnung. Fritz Wendler (1941–1995)
für das Buch „Deutschland in der Steinzeit" (1991)
von Ernst Probst

Kultur (etwa 4.000 bis 3.500 v. Chr.) gebaut worden waren,
ausgeräumt. Im 1,27 mal 0,80 Meter großen Grab 1 bestattete
man einen mehr als 50 Jahre alten Mann und im 1,25 mal 0,60
Meter großen Grab 2 einen ungefähr 40 Jahre alten Mann.
Dass es sich in diesen beiden Fällen um Glockenbecher-Leute
handeln dürfte, zeigen das steile Hinterhaupt des über 50-
Jährigen aus Grab 1 sowie die darin vorgefundene kleine
Glockenbecher-Tasse aus rötlich-braunem Ton. Im besser
erhaltenen Grab 2 lag der Schädel des Toten wie auf einem
Kopfkissen auf einer von einem Kieselstein getragenen kleinen
Steinplatte. Eine solche Beobachtung wurde bisher in keinem
anderen Grab aus dieser Zeit gemacht. Von einem der aus
diesen zwei Gräbern entfernten Bestatteten der Cortaillod-
Kultur wurden außerhalb von Grab 2 Knochenreste geborgen.
An manchen der von Glockenbecher-Leuten geschaffenen
menschengestaltigen Stelen der Totenstadt von Sitten-Petit-
Chasseur sind Einzelheiten zu erkennen, die Hinweise auf die
Kleidung der Glockenbecher-Leute geben. Diese menschengestaltigen Statuenmenhire tragen eine reich verzierte
Kopfbedeckung und Oberbekleidung sowie schachbrettartig
geschmückte Gürtel (zum Beispiel die Stele beim Steinkisten-
grab MX).
Manche der von Glockenbecher-Leuten geschaffenen Stelen
in Sitten-Petit-Chasseur tragen auch Schmuckstücke. Beispiels-
weise hat die 1,50 Meter große, auf Schulterhöhe 1,10 Meter
breite und 4 bis fünf Zentimeter dicke Stele in Nähe der
Steinkiste MV einen Halsschmuck, der durch drei parallele
Bänder angedeutet ist. Eine Anordnung von Punkten im
Mittelteil soll vielleicht eine Perle darstellen. Aus glockenbecher-
zeitlichen Gräbern dieser Totenstadt kamen ein silberner
Ohrring, ritzverzierte Knebelanhänger und halbmondförmige
Anhänger zum Vorschein.

Einige der Stelen bzw. Statuenmenhire von Stitten-Petit-Chasseur gelten als die eindrucksvollsten Beispiele für das künstlerische Schaffen der Glockenbecher-Leute in der Schweiz. Die glockenbecher-zeitlichen Kunstwerke in dieser Totenstadt unterscheiden sich von den älteren aus der Saone-Rhone-Kultur durch reichere Verzierung, die stark an diejenige der Glockenbecher erinnert. Außerdem sind sie anstelle von Kupferdolchen zumeist mit Pfeil und Bogen ausgerüstet, also mit der typischen Waffe der Glockenbecher-Leute.

Die größten dieser Stelen waren bis zu 3 Meter hoch. Sie wurden aus Steinplatten von 5 bis 6 Zentimeter Dicke geschaffen. Der Kopf ist lediglich durch einen Halbkreis angedeutet. Die Seiten sind gerade gestaltet. Die Arme liegen angewinkelt auf der Brust. Die Beine hat man nicht dargestellt. Kleidung, Schmuck und Waffen sind auf den Stelen zumeist erhaben abgebildet. Sie wurden vermutlich mit Meißeln aus Stein oder Kupfer herausgearbeitet.

Die Angehörigen der Glockenbecher-Kultur haben ihre Toten meistens unverbrannt bestattet. Sie wurden so ins Grab gelegt, dass die Beine zum Körper hin angezogen waren. Manchmal beerdigten sie ihre Verstorbenen in Gräbern früherer oder gleichzeitiger Kulturen und sparten sich so die Mühe, selbst eine Grabstätte zu errichten. Auch die Glockenbecher-Leute haben ihre Toten mit Beigaben für das Weiterleben im Jenseits versehen. Im Gegensatz zu anderen Kulturen der Jungsteinzeit wurden diese Gegenstände jedoch nicht vor den Toten, sondern hinter ihrem Rücken deponiert. Viele Gräber enthielten als einzige Beigabe einen Glockenbecher, seltener eine Schale oder zwei Tongefäße. In Männergräbern fand man häufig eine Feuersteinpfeilspitze oder mehrere davon. Feuersteinklingen, Armschutzplatten, Knochen- und Geweihgeräte sowie kleine

Kupferdolche. Die Beigaben tönerne Glockenbecher, kupferne Dolche, Armschutzplatten und steinerne Pfeilspitzen für bedeutende Männer heißen „Beaker Package". In Frauengräbern barg man meistens Schmuck aus unterschiedlichen Materialien. Von Glockenbecher-Leuten für religiöse Riten genutzt wurde die auf Luftbildern entdeckte Kreisgrabenanlage von Pömmelte-Zackmünde, einem Ortsteil der Stadt Barby (Salzlandkreis) in Sachsen-Anhalt. Man bezeichnete die zwischen 2005 und 2008 ausgegrabene Anlage als „Klein-Stonehenge" und als „Ringheiligtum Pömmelte". Die gesamte Kreisgrabenanlage hat einen Durchmesser von etwa 115 Metern. Sie besteht aus sieben Teilen:

einem äußeren Pfostenring, der teilweise mit Gräben umgeben ist,

einem Ringgraben, der aus einzelnen Gruben bestand,

einem eigentlichen Kreisgraben mit einem Durchmesser von etwa 80 Metern sowie vier Durchlässen, von denen zwei mit Auf- und Untergängen der Sonne zu überlieferten Jahresfesten korrespondieren,

dahinter einer Palisade,

einem äußeren Wall vor dem Kreisgraben,

zwei Pfostenkränzen im Inneren des Kreisgrabens.

Im Kreisgraben liegen unregelmäßig verteilt Schachtgruben, die vermutlich mit einem röhrenförmigen Korbgeflecht verkleidet waren. Bei rituellen Zeremonien deponierte man Keramikgefäße, Nahrung, Werkzeuge, Steinbeile, Tier- und Menschenknochen in den Gruben. Offenbar spielte Feuer bei den Ritualen eine Rolle. Nach einer gewissen Zeit wurde der Kreisgraben verfüllt. Das Ringheiligtum wurde jahrhundertelang von Angehörigen der Schnurkeramischen Kulturen und der Glockenbecher-Kultur aus der Jungsteinzeit sowie der

Rekonstruktion der Kreisgrabenanlage von Pömmelte-Zackmünde, einem Ortsteil der Stadt Barby (Salzlandkreis) in Sachsen-Anhalt. Foto: Diwan / http://www.flickr.com/photos/diwan / CC-BY-SA4.0 (via Wikimedia Commons), lizensiert unter CreativeCommons-Lizenz by-sa-4.0-de, https://creativecommons.org/licenses/by-sa/4.0/legalcode

Teil der rekonstruierten Kreisgrabenanlage von Pömmelte-Zackmünde,
einem Ortsteil der Stadt Barby (Salzlandkreis) in Sachsen-Anhalt.
Die Anlage befindet sich nahe des Flugplatzes Zackmünde.
Foto: FrankBothe / CC-BY-SA4.0 (via Wikimedia Commons),
lizensiert unter CreativeCommons-Lizenz by-sa-4.0-de,
https://creativecommons.org/licenses/by-sa/4.0/legalcode

Aunjetitzer Kultur aus der Frühbronzezeit genutzt. Von Prähistorikern wird die Kreisgrabenanlage von Pömmelte-Zackmünde den englischen „Henge-Monumenten" Woodhenge und Durrington Walls verglichen. Nur anderthalb Kilometer entfernt befindet sich die ähnlich große Kreisgrabenanlage von Schönebeck der Aunjetitzer Kultur.

Als Heiligtum diente Glockenbecher-Leuten vermutlich auch die rund 4.500 Jahre alte Kreisgrabenanlage La Loma del Real Tesoro II nahe Sevilla in Südspanien. Auf seine Reste stießen der Archäologe Javier Escudero Carrillo von der Universität Tübingen und Kollegen bei einer Geländeuntersuchung. Die rund sechs Hektar große Anlage bestand aus mehreren ringförmigen Gräben, die in unregelmäßigen Abständen von Durchlässen unterbrochen waren. Gräber und Siedlungsreste fehlen. Im Zentrum stieß man auf große Lehmziegel mit Brandspuren. Der steinige Boden in der Gegend der Kreisgrabenanlage eignete sich schlecht für Landwirtschaft. Das mutmaßliche Heiligtum lag nahe einer alten Furt des Flusses Guadalquivir unweit der Sierra Morena, in der man Kupfer und andere Rohstoffe abbaute. Hirtenwege führten von der Kreisgrabenanlage zur fruchtbaren Ebene von Carmona. Womöglich kamen Besucher der Anlage aus dem bedeutenden kupferzeitlichen Siedlungszentrum der Glockenbecher-Kultur von Valencina de la Concepción bei Sevilla. Dieses gilt mit 400 Hektar Fläche als größte Siedlung jener Zeit in Spanien. Ihre Bewohner besaßen exotische Luxusgüter wie Elefantenstoßzähne aus Afrika und Bernsteinperlen aus dem Norden.

Welcher Art die Religion der Glockenbecher-Leute war, weiß man bisher nicht. Da es sich bei ihnen offenbar um Einwanderer handelte, hilft auch der Vergleich mit zeitgleichen Erscheinungen nicht weiter. Manche Prähistoriker vermuten, die Glockenbecher-Leute hätten im Gegensatz zu den übrigen jungsteinzeitlichen Bauernkulturen in Mitteleuropa nicht an eine Fruchtbarkeitsgöttin, sondern an einen einzigen Himmelsgott geglaubt.

Autor Ernst Probst,
Foto: Klaus Benz, Fotograf, Mainz-Laubenheim

Der Autor

Ernst Probst, geboren am 20. Januar 1946 in Neunburg vorm Wald im bayerischen Regierungsbezirk Oberpfalz, ist Journalist und Wissenschaftsautor. Er arbeitete von 1968 bis 1971 bei den „Nürnberger Nachrichten", von 1971 bis 1973 in der Zentralredaktion des „Ring Nordbayerischer Tageszeitungen" in Bayreuth und von 1973 bis 2001 bei der „Allgemeinen Zeitung", Mainz. In seiner Freizeit schrieb er Artikel für die „Frankfurter Allgemeine Zeitung", „Süddeutsche Zeitung", „Die Welt", „Frankfurter Rundschau", „Neue Zürcher Zeitung", „Tages-Anzeiger", Zürich, „Salzburger Nachrichten", „Die Zeit", „Rheinischer Merkur", „Deutsches Allgemeines Sonntagsblatt", „bild der wissenschaft", „kosmos", „Deutsche Presse-Agentur" (dpa), „Associated Press" (AP) und den „Deutschen Forschungsdienst" (df). Aus seiner Feder stammen die Bücher „Deutschland in der Urzeit" (1986), „Deutschland in der Steinzeit" (1991), „Rekorde der Urzeit" (1992), „Dinosaurier in Deutschland" (1993 zusammen mit Raymund Windolf) und „Deutschland in der Bronzezeit" (1996). Von 2001 bis 2006 betätigte sich Ernst Probst als Buchverleger sowie zeitweise als internationaler Fossilienhändler und Antiquitätenhändler. Insgesamt veröffentlichte er mehr als 300 Bücher, Taschenbücher, Broschüren und über 300 E-Books.

Bücher von Ernst Probst

(Auswahl)

Als Mainz im Meer lag
Als Mainz noch nicht am Rhein lag
Das Mammut- Mit Zeichnungen von Shuhei Tamura
Der Europäische Jaguar
Der Mosbacher Löwe. Die riesige Raubkatze aus
Wiesbaden
Der Rhein-Elefant. Das Schreckenstier von Eppelsheim
Der Ur-Rhein. Rheinhessen vor zehn Millionen Jahren
Deutschland im Eiszeitalter
Deutschland in der Frühbronzezeit
Deutschland in der Mittelbronzezeit
Deutschland in der Spätbronzezeit
Die Aunjetitzer Kultur in Deutschland
Die Straubinger Kultur in Deutschland
Die Singener Gruppe
Die Arbon-Kultur in Deutschland
Die Ries-Gruppe und die Neckar-Gruppe
Die Adlerberg-Kultur
Der Sögel-Wohlde-Kreis
Die nordische Bronzezeit in Deutschland
Die Hügelgräber-Kultur in Deutschland
Die ältere Bronzezeit in Nordrhein-Westfalen
Die Bronzezeit in der Lüneburger Heide
Die Stader Gruppe
Die Oldenburg-emsländische Gruppe
Die Urnenfelder-Kultur in Deutschland

Die ältere Niederrheinische Grabhügel-Kultur
Die Unstrut-Gruppe
Die Helmsdorfer Gruppe
Die Saalemündungs-Gruppe
Die Lausitzer Kultur in Deutschland
Die Dolchzahnkatze Megantereon
Die Dolchzahnkatze Smilodon
Die Säbelzahnkatze Homotherium
Die Säbelzahnkatze Machairodus
Die Schweiz in der Frühbronzezeit
Die Rhône-Kultur in der Westschweiz
Die Arbon-Kultur in der Schweiz
Die Schweiz in der Mittelbronzezeit
Die Schweiz in der Spätbronzezeit
Dinosaurier von A bis K. Von Abelisaurus bis zu
Kritosaurus
Dinosaurier von L bis Z. Von Labocania bis zu
Zupaysaurus
Der rätselhafte Spinosaurus. Leben und Werk des Forschers
Ernst Stromer von Reichenbach
Eiszeitliche Geparde in Deutschland
Eiszeitliche Leoparden in Deutschland
Höhlenlöwen. Raubkatzen im Eiszeitalter
Hermann von Meyer. Der große Naturforscher aus
Frankfurt am Main
Johann Jakob Kaup. Der große Naturforscher aus
Darmstadt
Krallentiere am Ur-Rhein
Neues vom Ur-Rhein. Interview mit dem Geologen und
Paläontologen Dr. Jens Sommer
Österreich in der Frühbronzezeit

Österreich in der Mittelbronzezeit
Österreich in der Spätbronzezeit
Raub-Dinosaurier von A bis Z. Mit Zeichnungen von
Dmitry Bogdanav und Nobu Tamura
Rekorde der Urmenschen. Erfindungen, Kunst und
Religion
Rekorde der Urzeit. Landschaften, Pflanzen und Tiere
Säbelzahnkatzen. Von Machairodus bis zu Smilodon
Säbelzahntiger am Ur-Rhein. Machairodus und
Paramachairodus
Was ist ein Menhir? Interview mit dem Mainzer
Archäologen Dr. Detert Zylmann
Wer ist der kleinste Dinosaurier? Interviews mit dem
Wissenschaftsautor Ernst Probst
Wer war der Stammvater der Insekten? Interview mit dem
Stuttgarter Biologen und Paläontologen Dr. Günther Bechly
6000 Jahre Kastel. Von der Steinzeit bis zum 21.
Jahrhundert
5000 Jahre Kostheim. Von der Steinzeit bis zum 21.
Jahrhundert
Kastel in der Vorzeit. Von der Jungsteinzeit bis Christi
Geburt
Kostheim in der Vorzeit. Von der Jungsteinzeit bis Christi
Geburt
Wiesbaden in der SteinzeitAnno 1.000.000. Deutschland in
der älteren Altsteinzeit
Das Protoacheuléen. Eine Kulturstufe der Altsteinzeit vor
etwa 1,2 Millionen bis 600.000 Jahren
Das Altacheuléen. Eine Kulturstufe der Altsteinzeit vor etwa
600.000 bis 350.000 Jahren
Das Jungacheuléen. Eine Kulturstufe der Altsteinzeit vor etwa
350.000 bis 150.000 Jahren

Die Salzmünder Kultur. Eine Kultur der Jungsteinzeit vor
etwa 3.700 bis 3.200 v. Chr.
Die Chamer Gruppe. Eine Kulturstufe der Jungsteinzeit vor
etwa 3.500 bis 2.800 v. Chr.
Die Wartberg-Kultur. Eine Kultur der Jungsteinzeit vor
etwa 3.500 bis 2.800 v. Chr.
Die Walternienburg-Bernburger Kultur. Eine Kultur der
Jungsteinzeit vor etwa 3.200 bis 2.800 v. Chr.
Die Kugelamphoren-Kultur. Eine Kultur der Jungsteinzeit
vor etwa 3.100 bis 2.700 v. Chr.
Die Schnurkeramischen Kulturen. Kulturen der
Jungsteinzeit von etwa 2.800 bis 2.400 v. Chr.
Die Einzelgrab-Kultur. Eine Kultur der Jungsteinzeit vor
etwa 2.800 bis 2.300 v. Chr.
Die Schönfelder Kultur. Eine Kultur der Jungsteinzeit vor
etwa 2.800 bis 2.200 v. Chr.
Die Glockenbecher-Kultur. Eine Kultur der Jungsteinzeit
vor etwa 2.500 bis 2.200 v. Chr.
Die ersten Bauern in Österreich. Die Linienbandkeramische
Kultur vor etwa 5.500 bis 4.900 v. Chr.
Die Lengyel-Kultur in Österreich. Eine Kultur der
Jungsteinzeit vor etwa 4.900 bis 4.400 v. Chr.
Die Mondsee-Gruppe. Eine Kulturstufe der Jungsteinzeit
vor etwa 3.700 bis 2.900 v. Chr.
Die Badener Kultur in Österreich. Eine Kultur der
Jungsteinzeit vor etwa 3.600 bis 2.900 v. Chr.
Die ersten Pfahlbauten in der Schweiz. Die Anfänge der
Pfahlbauforschung und die Egolzwiler Kultur
Die Cortaillod-Kultur. Eine Kultur der Jungsteinzeit vor
etwa 4.000 bis 3.500 v. Chr.
Die Pfyner Kultur in der Schweiz. Eine Kultur der

Jungsteinzeit vor etwa 4.000 bis 3.500 v. Chr.
Die Horgener Kultur in der Schweiz. Eine Kultur der
Jungsteinzeit vor etwa 3.500 bis 2.800 v. Chr.
Die Schnurkeramiker in der Schweiz. Eine Kultur der
Jungsteinzeit vor etwa 2.800 bis 2.400 v. Chr.